Generis
PUBLISHING

Victoria 4.0: La Transformación Digital de la Seguridad Ocupacional

Gestión Inteligente de Permisos de Trabajo y Prevención de Accidentes de Alto Riesgo

Fabrielo Alfonso Jiménez-Bolívar

Title: **Victoria 4.0: La Transformación Digital de la Seguridad Ocupacional**

Gestión Inteligente de Permisos de Trabajo y Prevención de Accidentes de Alto Riesgo

ISBN: 979-8-89966-038-2

Author: Fabrielo Alfonso Jiménez-Bolívar

Cover image: www.pixabay.com

Publisher: Generis Publishing
Online orders: www.generis-publishing.com
Contact email: info@generis-publishing.com

Victoria 4.0: La Transformación Digital de la Seguridad Ocupacional

Gestión Inteligente de Permisos de Trabajo y Prevención de Accidentes de Alto Riesgo.

Fabrielo Alfonso Jiménez-Bolívar

https://orcid.org/0000-0002-2400-583X

fabrielo.jimenez@hotmail.com

Resumen General del Libro

La seguridad ocupacional en tareas de alto riesgo representa un desafío crítico a nivel global, con millones de accidentes laborales y pérdidas económicas significativas anualmente. Tradicionalmente, la gestión de permisos de trabajo para estas actividades ha sido un proceso manual y dispendioso, propenso a errores y retrasos, que requiere la validación de documentación especializada y la coordinación entre contratantes, empleados y áreas de Seguridad y Salud Ocupacional (SSO).

En este contexto, este libro introduce Victoria 4.0, una plataforma digital integral diseñada para optimizar la gestión inteligente de permisos de trabajo y la prevención de accidentes en tareas de alto riesgo. Su objetivo principal es permitir a las empresas gestionar de manera eficiente y confiable la generación, validación y certificación de permisos, aprovechando la transformación digital para agilizar procesos y garantizar la fiabilidad de los datos. La metodología de desarrollo implicó una caracterización del sector, levantamiento de requerimientos y un diseño robusto utilizando tecnologías como DigitalOcean®, Rails®, PHP®, Ubuntu®, MySQL® y Power BI, implementando un proceso integral de extracción, transformación y carga de datos (ETL) respaldado por un Data Warehouse.

La aplicación y evaluación de Victoria 4.0, ejemplificada con el formulario digital VICTORIA 4.0 en el sector de la construcción en Barranquilla, Colombia, ha demostrado su potencial para mejorar la eficiencia en la prevención de accidentes. Los resultados de un estudio cuantitativo, descriptivo y correlacional revelaron que la comprensión de las secuencias de accidentes, la efectividad de las medidas correctivas y la promoción de una cultura de seguridad están significativamente asociadas con una mejor percepción de la seguridad laboral al utilizar la herramienta. Aunque la prevalencia de métodos manuales en la industria subraya la pertinencia de Victoria 4.0, su efectividad puede verse influenciada por factores como el nivel educativo y la experiencia previa en accidentes de los trabajadores.

En conclusión, Victoria 4.0 se posiciona como una alternativa valiosa y atractiva en el creciente mercado del software EHS, estimado en más de 2 billones de dólares para 2025. Su diseño intuitivo, las mejoras continuas en sus funcionalidades (incluyendo validación de registros, vistas de actividades, gestión de perfiles y secciones de riesgos/controles) y su adaptabilidad a las regulaciones locales, la consolidan como una herramienta eficaz para reducir tiempos, minimizar errores y fortalecer la seguridad ocupacional, apoyando la integración de soluciones digitales en las estrategias de prevención de riesgos laborales

Palabras clave

Gestión de Riesgos Laborales; Permisos de Trabajo; Prevención de Accidentes; Seguridad Ocupacional; Software EHS; Transformación Digital; Victoria 4.0.

Tabla de Contenido

Tablas

Figuras

Introducción

La seguridad ocupacional es un pilar fundamental en cualquier entorno laboral, si bien los desafíos inherentes a las tareas de alto riesgo son particularmente acuciantes. Anualmente, la estadística global revela cifras alarmantes, con cerca de 360 millones de accidentes laborales y aproximadamente 1.9 millones de fallecimientos directamente vinculados a estos incidentes. Las repercusiones se extienden a la pérdida de más de 100 millones de años de vida productiva debido a discapacidades, y una factura económica que supera los 1.25 billones de dólares a nivel mundial (World Health Organization; International Labour Organization, 2021). Frecuentemente, una causa subyacente de estas tragedias es la ejecución de actividades de alto riesgo por parte de personal que carece de los permisos específicos o de la cualificación documentada necesaria.

Históricamente, la emisión de un permiso de trabajo, especialmente para tareas críticas, ha implicado una gestión intensiva de documentación que certifique las aptitudes del empleado (Rivera et al., 2023). Este proceso, que involucra a la parte contratante, al trabajador y al área de Seguridad y Salud Ocupacional (SSO), es notoriamente dispendioso en tiempo y recursos, con una extensión que varía según la complejidad de la actividad y el volumen de la fuerza laboral. En sectores de alta exigencia como la construcción, la minería, la energía y la manufactura, donde los riesgos son inherentes (Díaz Zazo, 2023), el número de permisos requeridos se incrementa proporcionalmente a la magnitud del riesgo. Esta situación, en contextos de grandes equipos de trabajo, no solo genera retrasos y costes elevados, sino que también aumenta significativamente la probabilidad de errores en la tramitación (Ortiz, 2021).

La mayoría de las organizaciones, sin importar su escala, persisten en el uso de sistemas de gestión tradicionales. Estos a menudo se basan en formatos manuales o en hojas de cálculo como Microsoft Excel®, con la consiguiente impresión de múltiples copias para respaldo físico. Este enfoque demanda un considerable esfuerzo en la cumplimentación, validación y certificación de información sobre selección de personal, evaluación de escenarios, equipos y elementos de seguridad. La lentitud de estos métodos retrasa las actividades programadas y dificulta la coordinación interdepartamental, impactando negativamente en los cronogramas y presupuestos.

Frente a este panorama, la transformación digital emerge como un factor clave para la modernización de los sectores industriales, prometiendo optimizar la eficiencia operativa y robustecer la seguridad en el lugar de trabajo. Los avances tecnológicos contemporáneos, particularmente en inteligencia artificial e Internet de las Cosas (IoT), ofrecen alternativas convincentes para la sistematización y gestión de la información. No obstante, una limitación común es la falta de recursos internos en las empresas para desarrollar y mantener plataformas digitales funcionales (Ajayi et al., 2020; Chung et al., 2022). Así, la adopción de soluciones externas se convierte en una necesidad imperante, más que en una opción.

En este contexto, este libro introduce Victoria 4.0, una plataforma digital integral que representa una respuesta tecnológica estratégica a la necesidad de gestionar de manera inteligente y eficiente los procesos de permisos de trabajo para tareas de alto riesgo. Victoria 4.0 está especializada en la optimización de la gestión, recopilación, almacenamiento y análisis de datos de actividades técnicas y de alto riesgo, permitiendo a las organizaciones realizar eficazmente análisis de riesgos del trabajo (ART) que abarcan peligros eléctricos, de temperatura, excavación, espacios confinados, alturas y levantamiento de cargas.

La pertinencia de esta solución se ve ejemplificada por su aplicación en el sector de la construcción de Barranquilla, Colombia, un entorno que enfrenta desafíos significativos en la prevención de accidentes, como el seguimiento inadecuado de medidas de seguridad, retrasos en la notificación de incidentes y capacitación insuficiente (Osorio-Gómez et al., 2024). Pese a los avances tecnológicos, las tasas de accidentes en este sector siguen siendo preocupantes (Rey-Becerra et al., 2023), lo que refleja una urgencia por mejorar las estrategias de seguridad y superar barreras como la resistencia al cambio y la falta de inversión (Espinosa Díaz & Duque Cruz, 2022; Micán et al., 2022). La literatura reciente subraya el potencial transformador de las tecnologías digitales en la gestión de riesgos ocupacionales, ofreciendo modelos analíticos avanzados y marcos para integrar la tecnología en los objetivos de seguridad, aunque destacando los desafíos de madurez digital y resistencia (Qiu & Li, 2023; Menegon Lopes & Silva Filho, 2024).

El objetivo de este libro es analizar el desarrollo y la aplicación de Victoria 4.0, una innovación en la gestión de riesgos que permite el monitoreo en tiempo real y respuestas inmediatas a situaciones peligrosas. Buscamos explorar cómo la implementación de herramientas digitales puede impactar significativamente en la reducción de la tasa de accidentes en contextos como el de la construcción en Barranquilla, mejorando los procedimientos de seguridad y transformando positivamente la cultura de seguridad entre los trabajadores (Manco Zapata & Cortes Gómez, 2023). Al hacerlo, se espera contribuir al conocimiento existente sobre la transformación digital en la gestión de la seguridad ocupacional, ofreciendo una herramienta práctica que eleva la eficiencia y disminuye los riesgos en el sector.

Revisión De La Literatura

Desde el año 2012, las organizaciones en Colombia que llevan a cabo actividades clasificadas como de alto riesgo están obligadas a implementar un Sistema de Gestión de Seguridad y Salud en el Trabajo (SG-SST), además de la administración y provisión de permisos laborales específicos. En el ámbito nacional, el Sistema de Riesgos Laborales opera bajo un principio de responsabilidad objetiva, lo que implica que las entidades aseguradoras de riesgos laborales asumen los riesgos del empleador, haciéndose responsables de los accidentes o enfermedades profesionales una vez que se verifica la relación entre el evento y la actividad desempeñada, sin considerar la culpabilidad (Ramírez, 2020). A pesar de su aparente simplicidad, el proceso para solicitar y obtener estos permisos es inherentemente complejo, ya que exige la validación de las aptitudes, el estatus y la competencia del empleado, a menudo a través de procesos de certificación. Comúnmente, esta verificación se realiza de manera manual por el propio trabajador antes de recibir la aprobación de un supervisor cualificado.

En este contexto, la gestión de permisos laborales ofrece un campo propicio para la optimización mediante la integración de tecnologías modernas. Un estudio conducido por Manrique y Cortés (2019) puso de manifiesto la diversidad de formatos manuales que las empresas colombianas utilizan para la gestión de riesgos en trabajos de altura, lo que implica evaluaciones subjetivas por parte de supervisores. En contraste, otras investigaciones han explorado el impacto de tecnologías avanzadas como *blockchain* y *big data* en la validificación de certificaciones y otros documentos esenciales para la gestión de riesgos laborales (Allessie et al., 2019; Khan et al., 2020; Smallwood et al., 2020). Estos estudios resaltan la viabilidad y la efectividad de sistemas diseñados para disminuir la carga de trabajo manual del personal directivo y de seguridad, mejorando simultáneamente la eficiencia y la fiabilidad de los procesos.

La administración del conocimiento y la información en el entorno empresarial es una tarea de vital importancia para cualquier organización, especialmente en un panorama caracterizado por cambios y adaptaciones constantes (Hernández et al., 2014). En lo que respecta al cumplimiento de las normativas vigentes, particularmente las relacionadas con la prevención de riesgos laborales y la gestión de la información, este proceso adquiere una relevancia crítica (Russ, 2021; Fauquet-Alekhine, 2020). Esta es la razón por la cual las organizaciones se esfuerzan en establecer Sistemas de Gestión de Riesgos Laborales (SG-RL) que sean eficaces, ensayando metodologías y estrategias que les permitan perfeccionar sus operaciones para elevar la productividad y, de manera general, asegurar la integridad de sus colaboradores (Suásnavas et al., 2019; Príncipe et al., 2022; Guzmán et al., 2017; Montoya et al., 2018).

Los SG-RL desempeñan un rol crucial al contribuir a una mejor administración de pérdidas significativas que, en muchas ocasiones, resultan difíciles o imposibles de cuantificar (Camargo et al., 2022; Olmeda Aparicio, 2018). Según datos de la Organización Internacional del Trabajo (World Health Organization; International Labour Organization, 2021), los accidentes en el ámbito laboral representan una pérdida aproximada del 4% del Producto Interno Bruto (PIB) global, cifra que puede superar el 6% en ciertos países. No obstante, cualquier valoración monetaria de la salud y la vida es, en esencia, simbólica; lo verdaderamente deseable es que los trabajadores no se vean expuestos a su pérdida durante el desempeño de sus labores.

En el contexto colombiano, la administración de los riesgos laborales se enmarca dentro del Sistema Integral de Seguridad Social, que incluye el Sistema de Riesgos Laborales (SRL). Este sistema clasifica los riesgos en tres categorías: bajo, medio y alto, basándose en la probabilidad de su ocurrencia y en la severidad de sus posibles consecuencias (Arenas, 2007; Butrón, 2021). El riesgo bajo se asocia a una probabilidad mínima (incidentes o enfermedades laborales infrecuentes que no causan daños significativos; actividades que, en general, no exigen supervisión especial más allá del cumplimiento de normas básicas de seguridad). El riesgo medio implica una mayor probabilidad de ocurrencia y un impacto moderado (accidentes o enfermedades que pueden presentarse con cierta periodicidad y generar perjuicios considerables; labores que requieren la implementación de controles y normativas de prevención para minimizar la frecuencia de incidentes y mitigar sus efectos). Finalmente, el alto riesgo se caracteriza por una elevada probabilidad de ocurrencia y un impacto severo (accidentes o enfermedades laborales que ocurren con frecuencia y con consecuencias graves; actividades que demandan medidas de control y prevención aún más rigurosas para reducir la cantidad de incidentes significativos y atenuar sus repercusiones).

Considerando la magnitud del impacto y la probabilidad de materialización, la cuantificación de los niveles de riesgo laboral en Colombia se efectúa mediante una escala numérica que abarca del 1 al 5 (Arenas, G. 2007; Arenas, G. 1987; Camacho Ramírez & Mayorga, 2017). Esta escala permite evaluar y categorizar la intensidad de los riesgos a los que podrían estar expuestos los trabajadores en sus entornos laborales. Cada nivel en esta escala define una categoría específica que establece tanto la gravedad como la probabilidad de ocurrencia de los accidentes en el ámbito del trabajo.

i. **Nivel de Riesgo 1:** Esta categoría engloba los peligros laborales caracterizados por la menor probabilidad de materialización y el mínimo efecto sobre la seguridad y el bienestar de los afectados. Se les considera de baja prioridad y suelen estar ligados a situaciones de bajo riesgo o a la eficacia de medidas de control preexistentes. Las organizaciones clasificadas en este nivel deben mantener el cumplimiento de las normativas fundamentales de seguridad y salud en el trabajo, sin que se les exijan acciones adicionales específicas.

ii. **Nivel de Riesgo 2:** Los peligros de este nivel conllevan una probabilidad de ocurrencia moderada y un impacto relativamente bajo en comparación con las categorías superiores. En esta instancia, resulta crucial implementar medidas de prevención y control complementarias, orientadas a minimizar la posibilidad de incidentes y a mitigar sus consecuencias en caso de que ocurran.

iii. **Nivel de Riesgo 3:** Los riesgos de esta clasificación poseen una probabilidad moderada de manifestarse y un impacto más pronunciado en la salud y seguridad de los colaboradores. Las empresas que operan con riesgos de Nivel 3 deben priorizar la incorporación de controles adicionales, tales como la realización de seminarios de seguridad en el lugar de trabajo y la imposición del uso obligatorio de equipo de protección personal para todo el personal.

iv. **Nivel de Riesgo 4:** Dentro de esta categoría, los riesgos laborales exhiben una alta probabilidad de ocurrencia y un impacto considerable sobre la salud y seguridad de la fuerza laboral. Las compañías que se enfrentan a riesgos de Nivel 4 deben establecer controles aún más estrictos, incluyendo la impartición de cursos exhaustivos sobre gestión de salud y seguridad en el trabajo y la ejecución de evaluaciones de riesgo de manera sistemática.

v. **Nivel de Riesgo 5:** Estos representan la máxima probabilidad de ocurrencia y ejercen un impacto genuinamente grave sobre la salud y seguridad de los trabajadores. Dichos riesgos son calificados como extremadamente críticos y demandan una atención inmediata, con la máxima urgencia y diligencia. Las empresas deben implementar medidas de control extremas y asegurar la completa adopción de sistemas integrales de gestión de riesgos laborales dentro de sus instalaciones.

La segmentación en esta escala es esencial para determinar las tarifas del sistema de seguridad social y la cobertura que ofrecen las compañías de seguros de riesgos laborales en Colombia. También actúa como una guía para la adhesión de medidas de prevención y control adecuadas en el lugar de trabajo para garantizar la salud y seguridad de los trabajadores.

Existen, por supuesto, diferentes tipos de riesgo. Una clasificación común, sostenida por varios autores (Arenas, G. 2007; Arenas, G. 1987; Camacho Ramírez & Mayorga, 2017)., es la siguiente:

a. **Riesgo Físico:** Se refiere a factores ambientales o físicos que afectan el bienestar de los trabajadores, como la exposición al ruido, vibraciones, radiaciones ionizantes, radiaciones no ionizantes, temperaturas extremas, presiones extremas y otros factores relacionados con el medio ambiente.
b. **Riesgo Químico:** Este tipo de riesgo implica la exposición a peligros como fugas de sustancias químicas en el lugar de trabajo, como químicos tóxicos, irritantes, carcinógenos, agentes químicos reactivos, etc.
c. **Riesgo Biológico:** Se refiere a la exposición a agentes biológicos como bacterias, virus, hongos, parásitos y otros microorganismos que pueden ser la causa de enfermedades en los empleados. Esto es común en industrias como la atención médica y la agricultura.
d. **Riesgo Ergonómico:** Estos se relacionan con las condiciones de trabajo que afectan el sistema musculoesquelético de los empleados, como posturas incorrectas, tener que levantar cargas pesadas, movimientos repetitivos y una mala ergonomía en el diseño de los puestos de trabajo.
e. **Riesgo Psicosocial:** Se refiere a situaciones relacionadas con la salud mental de los trabajadores, incluyendo el estrés laboral, la carga emocional, el acoso, el *mobbing* y otros factores que pueden afectar el estado mental de los empleados.
f. **Riesgo Mecánico:** Relacionado con el uso de herramientas y maquinaria que pueden causar daños significativos al usuario, como atrapamientos, aplastamientos o cortes de cualquier tipo.

Ciertos especialistas en la materia proponen considerar factores adicionales para una clasificación de riesgos más precisa, tales como los riesgos ambientales que escapan al control directo de la gerencia (Díaz Zazo, 2023; Bocco, 2019). Sin importar la metodología de definición o la escala de calificación empleada, la gestión de riesgos se revela como un componente crítico para asegurar la seguridad y la salud en el entorno laboral. En este sentido, la formación adecuada del personal, la actualización continua de conocimientos y la correcta disposición de los documentos legales que rigen la seguridad en el trabajo son aspectos de importancia capital.

Las innovaciones digitales han propiciado avances notables en el campo de la seguridad laboral. No obstante, a pesar de las prometedoras y novedosas oportunidades que estas ofrecen, una proporción considerable de empresas aún no las ha integrado plenamente en sus operaciones (International Labour Organization, 2019). Diversas investigaciones exploran el impacto de tecnologías propias de la Industria 4.0 en la gestión de la salud y seguridad en el trabajo, incluyendo la comunicación en tiempo real, el *Big Data* (Bona-Gracia et al., 2018; Villares Pazmi et al., 2018), la colaboración entre seres humanos y máquinas (Hou et al., 2020; Navarro et al., 2018), la teledetección (Suciu et al., 2020), el monitoreo y control de procesos (Dong et al., 2018), y el uso de equipos autónomos e interconectividad (Campero-Jurado et al., 2020; Jarota, 2021) (Badri et al., 2018).

En el ámbito de la inteligencia artificial (IA) y el Internet de las Cosas (IoT), la literatura académica tiende a vincularlos principalmente con la prevención de riesgos laborales en sectores o industrias específicas, como los proyectos de infraestructura energética o las cadenas de suministro, entre otros ejemplos (Ajayi et al., 2020; Badri et al., 2018; Tsang et al., 2018; Semeykin et al., 2018). La abundancia de investigaciones en este campo subraya el gran interés y la relevancia científica del tema, lo que a su vez impulsa el desarrollo de estudios y tecnologías emergentes orientadas a optimizar los procesos implicados.

Comúnmente, los estudios empíricos que establecen una conexión entre la gestión de riesgos profesionales y la tecnología se focalizan en elementos como sensores y monitoreo continuo, la realidad virtual, la ciberseguridad y, notablemente, el análisis de datos. Precisamente, es en este último dominio donde se encuentran los aspectos más alineados con la propuesta actual, dado su énfasis en el procesamiento de información para orientar los procesos de gestión de permisos en la ejecución de actividades de alto riesgo.

Sin embargo, se ha identificado una carencia en la investigación en este campo. Los análisis empíricos suelen limitarse a la clasificación y el manejo de datos para profundizar en la comprensión de los riesgos asociados a cada actividad, dejando de lado cómo esta información podría simplificar los procesos formales de gestión de permisos requeridos para la ejecución legal de labores peligrosas.

En respuesta a esta necesidad previamente establecida, Victoria 4.0 se posiciona como una solución adecuada, ofreciendo una respuesta tecnológica coherente a las consideraciones planteadas. En este sentido, el desarrollo de la plataforma se fundamenta en factores tecnológicos robustos. La implementación de sus aplicaciones exige la configuración de parámetros que aseguren la fiabilidad del marco de trabajo.

Considerando las características inherentes de la plataforma, y habiendo identificado esta brecha de investigación, es fundamental definir con precisión las necesidades procedimentales, basándose en un análisis situacional de las organizaciones empresariales que podrían encontrar en Victoria 4.0 una alternativa atractiva para agilizar sus operaciones. Paralelamente, es indispensable establecer funcionalidades que aumenten el valor del producto, con el fin de consolidar su posición en el mercado antes de avanzar hacia su implementación comercial.

El cumplimiento de los objetivos técnicos fijados demanda la integración de elementos de *Big Data* y *Machine Learning*. Esto se justifica por la necesidad de procesar un volumen sustancial de datos que, además de ser depurados para arrojar resultados específicos, deben, por su propia naturaleza, contribuir a la mejora continua de la plataforma.

De hecho, la gestión y la depuración eficiente de los datos son requisitos indispensables que deben abordarse desde la fase de diseño, tal como lo resalta el trabajo de Ovallos et al. (2023). No obstante, la capacidad del sistema para "elegir" la respuesta adecuada basándose en las entradas recibidas —estableciendo protocolos diferenciales— constituye una de las singularidades que deben incorporarse al diseño.

El éxito de este sistema no reside exclusivamente en su habilidad para analizar de forma objetiva los datos y las necesidades de una organización, sino también en la agilidad con la que se llevan a cabo los procedimientos. Por ello, la interacción con la plataforma debe ser intuitiva y sencilla, de modo que la simplificación de los procesos se traduzca no solo en una reducción del tiempo, sino también en una optimización en la gestión de datos.

La elección del servidor ideal y la definición del *hosting* de la plataforma son componentes esenciales en el proceso de estructuración. A ello se suma la identificación de los requerimientos para una base de datos escalable (que debe contar con su correspondiente software de gestión de bases de datos o SGBD) y la selección de los lenguajes de programación más adecuados para asegurar la operabilidad multiplataforma del sistema. Estos aspectos cruciales se comprenderán de manera más consistente a medida que se expongan los resultados obtenidos.

Metodología

La conceptualización y materialización de la plataforma Victoria 4.0 se efectuaron a través de una metodología exhaustiva, organizada en etapas que orientaron tanto el desarrollo de la solución tecnológica como su subsiguiente evaluación en un entorno real. La primera fase se centró en la definición y el refinamiento de las funcionalidades de la plataforma. Para este fin, se procedió a una minuciosa recolección de requisitos, con el apoyo de especialistas del Sistema Nacional de Ciencia, Tecnología e Innovación (SNCTI). Su experiencia facilitó el diagnóstico de las problemáticas más comunes que enfrentan tres empresas de alto riesgo en la administración de permisos de trabajo. Basándose en esta caracterización del sector, se llevaron a cabo los ajustes pertinentes en la arquitectura interna (*backend*) y externa (*frontend*) del sistema, así como modificaciones en la infraestructura de almacenamiento de datos para adecuarse a las exigencias del *Big Data*. Esta etapa también incluyó la integración de bases de datos gubernamentales y privadas, fundamentales para la validación de la información.

Posteriormente, la segunda fase se dedicó a la creación de funcionalidades que agregan valor, proyectadas hacia la futura incursión comercial de la plataforma. Durante este periodo, se gestionó el diseño de nuevas herramientas, la incorporación de un panel de control (*dashboard*) para optimizar la visualización de datos y respaldar la toma de decisiones, y la formulación y ejecución de pruebas unitarias y funcionales rigurosas para asegurar la estabilidad del sistema. Finalmente, la tercera fase se orientó al análisis de las perspectivas de penetración comercial de Victoria 4.0 en el mercado.

Además del desarrollo, para determinar la efectividad potencial del formulario digital VICTORIA 4.0 en la prevención de accidentes laborales en tareas de construcción de alto riesgo, se llevó a cabo un estudio de carácter cuantitativo, descriptivo y correlacional. La selección de este enfoque metodológico se justificó por la necesidad de una medición objetiva y un análisis estadístico de las relaciones entre las variables, lo que facilitó una comprensión estructurada del impacto de las herramientas digitales en la seguridad laboral (Canela et al., 2019; Cavaleri et al., 2019).

El diseño adoptado fue no experimental y transversal (Engberg & Davidson, 2023), permitiendo la observación y el examen de las percepciones de los trabajadores en un único momento, específicamente en mayo de 2024, una vez implementado el formulario VICTORIA 4.0. Este esquema fue apropiado para obtener una instantánea de la aplicación y aceptación del instrumento digital en un contexto natural, sin intervenir en las condiciones bajo estudio.

La recopilación de datos se realizó mediante un cuestionario estructurado que constaba de 29 ítems, combinando preguntas de respuesta cerrada con escalas tipo Likert. El instrumento fue concebido para indagar en cuatro dimensiones principales: atributos sociodemográficos (como edad, nivel educativo y experiencia laboral), la utilización y la utilidad percibida del formulario VICTORIA 4.0, aspectos de la transformación digital en el ámbito laboral y factores vinculados a la prevención de accidentes en actividades de alto riesgo. El objetivo de este cuestionario era ofrecer una perspectiva integral sobre la interrelación entre la digitalización y la percepción de seguridad en el sector de la construcción. La consistencia interna del instrumento se verificó a través del coeficiente Alfa de Cronbach (Ikhsanudin et al., 2024), arrojando valores de 0.940 para la dimensión de transformación digital (seis ítems) y 0.826 para la dimensión de prevención de accidentes (once ítems), lo que certifica una alta fiabilidad interna y valida el instrumento empleado en la investigación.

La población objeto de estudio estuvo conformada por trabajadores del sector de la construcción en Barranquilla, específicamente aquellos dedicados a tareas operativas de alto riesgo. Se empleó un método de muestreo no probabilístico por conveniencia, seleccionando a 15 participantes que poseían exposición directa y experiencia en el manejo del formulario VICTORIA 4.0 (Sarker & Al-Muaalemi, 2022). Aunque esta técnica de muestreo limita la posibilidad de generalizar los resultados a poblaciones más amplias, fue idónea para incluir a informantes clave dada la naturaleza exploratoria de este trabajo.

El análisis de los datos se llevó a cabo utilizando el *software* IBM Statistical Package for the Social Sciences (SPSS) Statistics versión 24. Se aplicaron dos enfoques estadísticos principales: en primer lugar, pruebas de chi-cuadrado para detectar asociaciones entre variables sociodemográficas categóricas (Thukral et al., 2023) y las percepciones de los trabajadores respecto a la eficacia del formulario VICTORIA 4.0. En segundo lugar, se condujo un análisis de regresión lineal para determinar la influencia de las variables independientes —específicamente las experiencias y valoraciones de los trabajadores sobre el formulario— en la variable dependiente, definida como el nivel percibido de seguridad laboral tras la puesta en marcha del formulario (Hahs-Vaughn, 2022; Stockemer, 2018). La aplicación combinada de estas técnicas proveyó un marco analítico exhaustivo, permitiendo evaluar tanto las relaciones asociativas como las predictivas en el contexto de los objetivos de la investigación

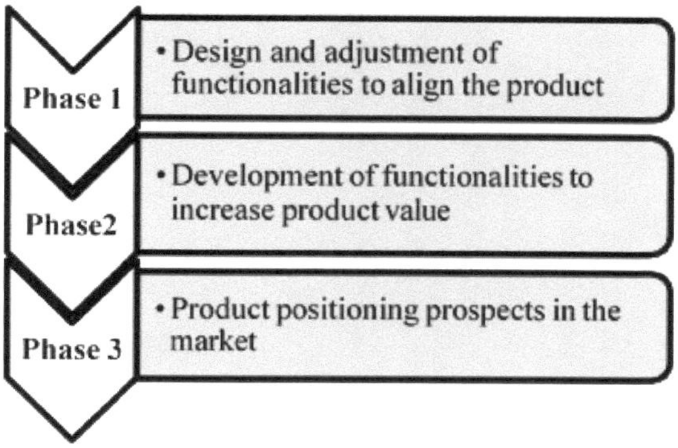

Figura 1 Descripción del proceso metodológico

Fuente: autores.

Resultados Diseño y Exhibición de la plataforma

Esta sección presenta los resultados obtenidos del diseño y la exhibición de la plataforma Victoria 4.0. La presentación se realiza de la misma manera en que se anunciaron las fases metodológicas para que la secuencia de procedimientos permanezca clara.

A. Diseño y ajuste de funcionalidades

La fase de diseño y adaptación de las funcionalidades de la plataforma fue antecedida por un estudio exhaustivo del contexto del sector. Este proceso tuvo como finalidad principal identificar las necesidades y oportunidades que Victoria 4.0 debía abordar en su concepción. Para lograr este objetivo, se llevó a cabo una meticulosa recopilación de requerimientos, obteniendo información directamente de tres compañías cuyas operaciones se clasifican explícitamente como de alto riesgo. Los resultados derivados de este levantamiento de información se presentan de manera detallada en la Tabla 1.

Problemáticas	Empresa 1	Empresa 2	Empresa 3
Métodos de Gestión Tradicionales	Utiliza un sistema de gestión tradicional basado en papel y Excel.	Se basa en formularios manuales en papel y hojas de cálculo.	Utiliza un enfoque similar, basado en formularios en papel.
Flujo Físico de Documentos	Requiere múltiples copias impresas para el flujo físico.	Utiliza copias para el seguimiento y la validación física.	Dependencia de copias físicas para la autorización.
Procesos Manuales y Complejos	Proceso manual para el cribado, la inspección y la validación.	Completa procesos manuales de inspección y validación laboriosos.	Realiza inspecciones y validaciones manuales laboriosas.
Retrasos en el Inicio de Actividades	Posibles retrasos en las actividades debido a procesos largos.	Puede haber retrasos en las actividades debido a la complejidad.	Riesgo de retrasos en las actividades debido a la complejidad.
Coordinación Interdepartamental Comprometida	Dificultad en la coordinación interdepartamental.	Coordinación afectada por procesos manuales y retrasos.	Coordinación entre departamentos afectada por los procesos.

Impacto en el Cronograma y Presupuesto del Proyecto	Posible impacto en el cronograma y el presupuesto.	Posible desviación en el cronograma y el presupuesto.	Riesgo de desviaciones en el cronograma y el presupuesto.

Tabla 1 Descripción del proceso metodológico

Fuente: autores.

Este diagnóstico inicial facilitó una clara comprensión del estado actual de los procedimientos para la gestión de permisos en tareas de riesgo dentro de las organizaciones. Se constató la predominancia de acciones ejecutadas de forma manual, lo cual no solo alarga los tiempos del proceso, sino que también incrementa la probabilidad de incurrir en errores operativos. Esta evaluación subrayó, además, la pertinencia de una solución tecnológica como Victoria 4.0, diseñada para optimizar los plazos y asegurar la exactitud de los datos manejados.

A continuación, se procedió al desarrollo y la optimización de los componentes *backend* y *frontend* de la plataforma. Para garantizar un entorno seguro, DigitalOcean® fue seleccionado como proveedor de servidores. En el diseño de Victoria 4.0, se optó por el *framework* Rails® para la construcción de la versión móvil, mientras que PHP® se empleó como lenguaje de programación principal para la plataforma web. La interfaz gráfica se desarrolló utilizando Ubuntu®, una distribución de código abierto basada en Linux, integrada en el entorno de escritorio GNOME®. Para la gestión de las bases de datos (tanto estatales como privadas), cruciales para la validación y digitalización de la información en la versión web, se implementó MySQL®. La versión móvil, por su parte, contó con el respaldo de Firebase® para la gestión de sus datos. La Figura 2 ilustra el soporte de diseño para la versión web de Victoria 4.0.

Figura 2 Descripción del proceso de diseño de Victoria 4.0

Fuente: autores.

La operatividad de la plataforma se describe detalladamente en la Figura 3. El flujo de trabajo inicia con la generación de evidencia pertinente, que constituye la información esencial para la ejecución y el seguimiento del permiso de trabajo. Esta evidencia, presentada de forma organizada en paneles de control (*dashboards*), se remite al área de Seguridad y Salud en el Trabajo (SST). El equipo de SST es entonces el encargado de revisar y evaluar el permiso, emitiendo una respuesta que puede ser de aprobación o denegación, lo que marca el cierre del ciclo de gestión.

Figura 3 Descripción de la estructura funcional de Victoria 4.0

Fuente: autores.

Es fundamental destacar que Victoria 4.0 opera como una herramienta digital concebida para perfeccionar los procesos de administración, recolección, almacenamiento y análisis de la vasta información generada durante la ejecución de actividades técnicas y de alto riesgo dentro de cualquier organización. El ciclo de información abarca la extracción de datos desde múltiples orígenes y su posterior presentación en un panel de control (*dashboard*) para facilitar su estudio. El proceso de estandarización de la información, que sirve como punto de partida del sistema, se refiere a la tarea de agrupar y consolidar datos provenientes de diversas fuentes, con el fin de ofrecer una visión unificada y coherente. Este recorrido abarca la totalidad del trayecto de la información, desde su origen hasta su depósito y manejo dentro de la plataforma.

La fase de integración engloba una serie de metodologías, herramientas y planteamientos arquitectónicos que posibilitan la combinación y el aprovechamiento de toda clase de datos, sin importar si su naturaleza es estructurada o no estructurada. Como se indicó previamente, la información es obtenida por *extractores* desde una variedad de fuentes, que incluyen sistemas transaccionales, aplicaciones y sensores.

Una vez recopilada, esta data es depositada en un repositorio centralizado. Posteriormente, se procede a un análisis minucioso de los datos existentes para identificar las fuentes más cruciales para el análisis posterior.

A continuación, se desarrolla el proceso de Extracción, Transformación y Carga (ETL/ELT). En esta etapa, los datos previamente extraídos son sometidos a un riguroso proceso de transformación y depuración, que incluye tareas de normalización, agregación y enriquecimiento. El objetivo es asegurar su calidad y consistencia. Dada la considerable magnitud de datos que se procesan, resulta imperativo cargarlos de forma segura en un entorno especialmente diseñado para ello. Disponer de un *Data Warehouse* —una base de datos optimizada específicamente para análisis y la generación de informes— no solo cumple con este requisito, sino que también propicia la creación y el resguardo de tablas dimensionales y tablas de hechos. Las primeras contienen información descriptiva y contextual, mientras que las segundas albergan datos numéricos y métricas esenciales.

El modelo dimensional, establecido con antelación, tiene como propósito organizar los datos de manera eficaz y simplificar su análisis. En este esquema, se definen dimensiones y jerarquías de agrupación, y los datos se filtran según su nivel de relevancia. Asimismo, se establecen interrelaciones entre las tablas dimensionales y las tablas de hechos, lo que posibilita un estudio exhaustivo de la información. Estas acciones son la antesala a la creación de los informes y análisis.

Una vez que los datos están almacenados en el *Data Warehouse*, se procede a la generación de informes y análisis utilizando herramientas de Inteligencia de Negocios (BI) como Power BI. A partir de estas herramientas, se diseñan y desarrollan informes interactivos, paneles de control (*dashboards*) y cuadros de mando que ofrecen una visualización clara y de fácil comprensión de la información. Este es un proceso de naturaleza iterativa que demanda un mantenimiento constante. Por lo tanto, es fundamental mantener un monitoreo continuo, actualizar y optimizar el rendimiento del *Data Warehouse*, al mismo tiempo que se evalúan los cambios en las fuentes de datos y las nuevas necesidades de análisis, garantizando así la integridad, pertinencia y precisión de los informes producidos.

La Figura 4 ilustra el proceso interactivo que los usuarios siguen al emplear la plataforma. El recorrido comienza con el inicio de sesión y la creación del perfil de usuario. Seguidamente, se despliega el módulo general, que ofrece cinco alternativas distintas de interacción, enfocadas en el análisis de trabajo seguro: Trabajo en alturas, en espacios confinados, en altas temperaturas y en trabajos eléctricos. En el lado izquierdo de la pantalla principal, se organizan las diversas secciones interactivas, desde las cuales se gestiona cada uno de los factores necesarios para la emisión de los respectivos permisos de trabajo.

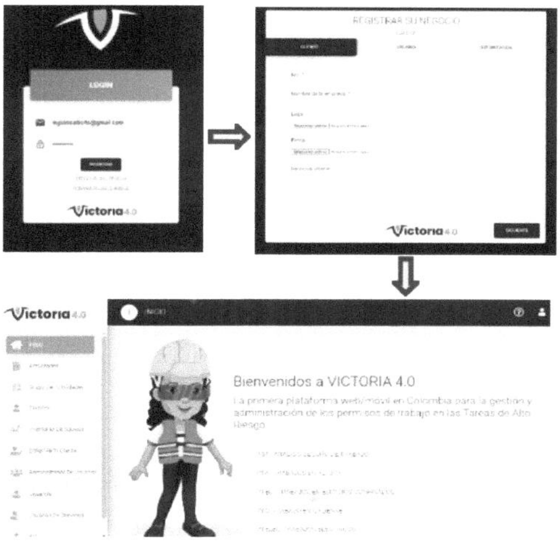

Figura 4 Proceso de interacción con la plataforma Victoria 4.0.

Fuente: Interfaz de Victoria 4.0.

El proceso es altamente intuitivo, y los registros se pueden completar de manera rápida y organizada hasta la obtención del respectivo permiso de trabajo (véase Figura 5). Además, la supresión de una opción de autorregistro requiere preconfiguración y orientación en la parametrización, lo que garantiza que la empresa reciba asesoramiento personalizado para hacer un uso eficiente de la plataforma.

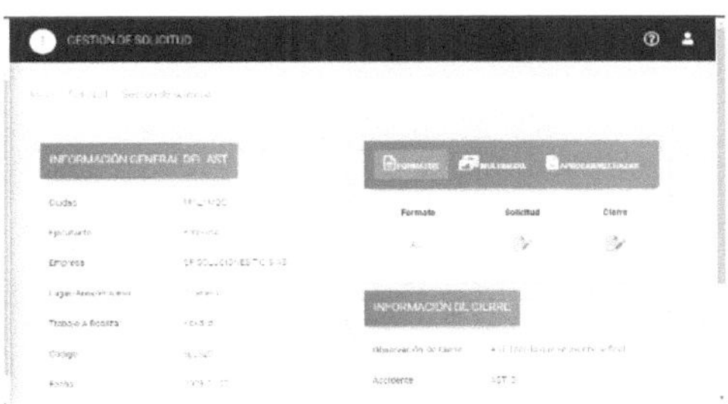

Figura 5 Proceso de gestión de permisos en Victoria 4.0.

Fuente: Interfaz de Victoria 4.0.

B. Desarrollo de funcionalidades para aumentar el valor

Tras una evaluación exhaustiva de la operatividad de la plataforma, se procedió a identificar aquellas áreas de cada funcionalidad susceptibles de mejora. Estas se categorizaron como necesidades específicas, abarcando los siguientes elementos:

- Validación de registros.
- Vista de actividades.
- Perfil de usuario.
- Vista de formulario.
- Pestaña de información.
- Pestaña de tareas.
- Pestaña de trabajadores.
- Pestaña de controles.
- Pestaña de cierre.

Para cada una de estas funcionalidades, se implementaron modificaciones precisas con el fin de incrementar su valor y optimizar la experiencia de usuario. En el ámbito de la validación de registros, se fortaleció el sistema para que la autenticación del usuario no dependiera únicamente del correo electrónico, sino que también incluyera su número de identificación. En la vista principal de actividades, se incorporó un icono que permite actualizar el estado de las solicitudes enviadas. Asimismo, en la sección de perfil de usuario, se añadió información relevante como el nombre de la empresa a la que pertenece el perfil y su Número de Identificación Tributaria (NIT).

Respecto a la vista de formularios, se modificó la denominación del módulo (que originalmente se conocía como "permisos") y se integró una funcionalidad clave que permite visualizar la imagen que se ha cargado para su envío. En la pestaña de "información", se incorporó la sesión del contratista, posibilitando así la clasificación de los empleados según sus roles específicos.

En la pestaña dedicada a las "tareas", se añadió una sección para la sistematización de peligros, la cual incluye datos precargados que facilitan al usuario la selección de aquellos riesgos más recurrentes en las actividades de la empresa. De manera análoga, se incorporaron las secciones de "procedimiento" y "equipo y herramientas", donde también se presentan datos previamente cargados para agilizar la selección de los procedimientos y elementos de uso más frecuente en cada organización.

En la pestaña "trabajadores", se habilitó el inicio de sesión del empleado, y se integraron datos precargados que permiten seleccionar a los trabajadores ya registrados por la organización. Además, se añadió la capacidad de cargar y modificar tanto el rol como la firma del empleado. En la sección de "controles", se introdujo una opción de "pregunta de validación", que presenta datos precargados diseñados para responder a las interrogantes específicas proporcionadas por la empresa.

Finalmente, en la pestaña de "cierre", se incorporó una sección designada para el "tipo de accidente", la cual despliega una lista modal con tres categorías principales para que el usuario pueda seleccionar la opción aplicable. Esta última pestaña culmina el proceso de gestión de permisos antes de proceder con el envío de la aprobación. Adicionalmente, se implementaron mejoras en la aplicación móvil, limitando sus funciones principalmente a la recopilación de datos y añadiendo campos destinados al análisis de los mismos. Para la versión web, se habilitó la capacidad de leer la ruta del archivo PDF generado y visualizarlo directamente en el botón de actividad, una funcionalidad que fue excluida de la versión móvil para optimizar su rendimiento en dispositivos móviles.

C. Perspectivas de posicionamiento comercial

La tecnología que integra Victoria 4.0 se inscribe en la categoría de "software de salud y seguridad ambiental (software EHS)". El propósito de estos desarrollos es optimizar la comunicación y la gestión de riesgos en el ámbito laboral. Por lo general, estas plataformas proporcionan funcionalidades para la recopilación de datos, la administración de registros, el monitoreo de peligros, la generación de informes personalizados, el envío de formularios y la revisión de documentos esenciales.

Un estudio bibliométrico efectuado en bases de datos indexadas como Lens® y Scopus®, empleando el criterio de búsqueda "software de gestión HSE", revela que este tipo de tecnología se encuentra en una fase de expansión. Recientemente, el registro de doscientas treinta y ocho (238) patentes y la proliferación de numerosas publicaciones científicas evidencian una marcada tendencia ascendente. Por lo tanto, es razonable concluir que el mercado para estas soluciones tecnológicas está ingresando en una nueva etapa de crecimiento, impulsada por la adopción de herramientas alojadas en la nube, la capacidad de configuración y las aplicaciones móviles vinculadas a estas plataformas.

En el ámbito de la investigación y desarrollo de este tipo de tecnología, el Reino Unido, Estados Unidos de América, Holanda y China se destacan como los principales focos de actividad. Las áreas temáticas de mayor relevancia son la ingeniería, la medicina y los negocios. En cuanto a la protección intelectual, Estados Unidos (con 166 patentes) y China (con 21) lideran el desarrollo y resguardo de estas innovaciones.

Desde una perspectiva financiera, fuentes especializadas proyectan que el mercado global de esta tecnología asciende a 1.35 billones de dólares, con una expectativa de crecimiento que podría alcanzar los 2.2 billones de dólares para el año 2025, lo que representa una tasa de crecimiento anual compuesta del 10.1%. Los factores que impulsan este significativo desarrollo son, principalmente, la innovación continua y el creciente interés de las empresas por reducir la incidencia de accidentes laborales y, consecuentemente, minimizar los costos asociados (Verdantix, 2021).

Un análisis del mercado actual ha permitido identificar diversas alternativas que presentan características similares a Victoria 4.0 (véase Tabla 2). Sin embargo, Victoria 4.0, al ser una opción de origen nacional, podría beneficiarse de una elevada aceptación. Esto se debe a que cada país posee su propio marco regulatorio en materia de seguridad, y la posibilidad de contar con asesoramiento especializado y adaptado a la región resulta considerablemente más atractiva para las empresas.

Nombre del Software	Compañía Desarrolladora	Descripción Detallada	Enlace Web
CorityOne™	Cority	Plataforma SaaS EHS integrada que cubre todo el espectro de gestión ambiental, salud ocupacional, seguridad, calidad y análisis en toda la organización.	https://go.cority.com/ehsq-software/
Integrated EHS Compliance and Risk Management Solutions	Dakota Software	Combina regulaciones ambientales y requisitos de seguridad actualizados con herramientas de software fáciles de usar para la gestión de programas de sostenibilidad y EHS.	https://www.dakotasoft.com/solutions/ehs-compliance
Software de Gestión SST	Zyght HSEQ Technology	Plataforma SaaS integrada para la	https://www.zyght.com/

		gestión de Salud, Seguridad y Medio Ambiente (HSE).	
Software HSE	HSE Soft Excellence	Herramienta modular, personalizable y adaptable a las necesidades específicas de cada empresa.	https://hse.software/software-hse/
Software HSE / SSOMA	ISO Tools Excellence	Software modular y personalizable adaptado a las necesidades de la empresa. Ofrece control total del Sistema de Gestión de Salud, Seguridad Ocupacional y Medio Ambiente.	https://www.isotools.org/software/hse-ssoma

Tabla 2 Softwares similares en el mercado

Fuente: autores.

En relación con la viabilidad de contratar la plataforma Victoria 4.0, se destacan aspectos como la creciente demanda de soluciones robustas que integren las prácticas de seguridad en el lugar de trabajo, considerando al mismo tiempo el riesgo de enfrentar sanciones severas, el modelo de precios de pago por uso que es asequible para todas las organizaciones independientemente de su tamaño, y el cambio en la percepción del riesgo después de la pandemia.

Resultados de predicción de la eficiencia de Victoria 4.0

Model	Sig.	
(Constant)	1,358	,198
¿El formulario le ha ayudado a comprender cómo ocurren los accidentes y a reconocer la serie de eventos que podrían conducir a lesiones?	,009	
¿El formulario VICTORIA 4?0 ha influido en su aceptación y control sobre su salud y seguridad ocupacional personal?	,009	
¿Considera que el formulario VICTORIA 4?0 ha mejorado la cultura de seguridad en su lugar de trabajo?	,001	
¿Ha notado una reducción en los errores de los trabajadores desde que se comenzó a utilizar el formulario VICTORIA 4?0?	,006	
¿El formulario facilita la identificación y mitigación de riesgos mecánicos y físicos?	,026	
¿Qué tan efectivas son las medidas correctivas sugeridas por el formulario VICTORIA 4?0 en la prevención de accidentes similares?	,009	

a. Variable Dependiente: *¿Cómo calificaría su percepción de la seguridad laboral después de la implementación del formulario?*

Tabla 3 Modelo de regresión de las variables de estudio. Uso de SPSS.

El análisis de regresión lineal efectuado proporcionó una comprensión detallada de la influencia que distintos elementos del formulario digital VICTORIA 4.0 ejercen sobre la percepción de seguridad entre los trabajadores. Se observó, por ejemplo, que la capacidad de la herramienta para facilitar la comprensión de la ocurrencia de accidentes y la identificación de la cadena de eventos que pueden desembocar en lesiones, exhibió un coeficiente Beta de 0.650 ($p = 0.009$), lo cual indica un efecto positivo de magnitud entre moderada y fuerte en dicha percepción. De forma análoga, la mejora percibida en la cultura de seguridad mostró la correlación más robusta (Beta = 0.747, $p = 0.001$), lo que subraya que la utilidad del formulario trasciende el mero apoyo operativo, fortaleciendo activamente los valores de seguridad en el ambiente laboral.

Otros factores predictivos de relevancia incluyen la disminución de errores por parte de los trabajadores (Beta = 0.674, p = 0.006) y la evaluación de la eficacia de las medidas correctivas (Beta = 0.650, p = 0.009). Ambos hallazgos sugieren que el formulario aporta significativamente a la prevención de incidentes y al fomento de la disciplina operativa. La incorporación de una sección específica para documentar lesiones y daños (Beta = 0.650, p = 0.009) también resultó ser un aspecto considerable, enfatizando el rol esencial de la documentación en la fase de análisis de accidentes y en la formulación de estrategias preventivas. En conjunto, estos resultados evidencian que el formulario VICTORIA 4.0 fomenta un ecosistema de seguridad integral, fusionando la elaboración de reportes técnicos con el desarrollo de la conciencia cultural y la participación activa del personal.

Más allá de la regresión lineal, se aplicaron pruebas de chi-cuadrado con el fin de explorar posibles asociaciones entre las características sociodemográficas y las mejoras percibidas en la seguridad del entorno laboral. El análisis reveló la existencia de relaciones estadísticamente significativas en diversas comparaciones. Sin embargo, es fundamental recalcar que en algunas celdas los recuentos esperados fueron inferiores a 5, una situación que podría incidir en la fiabilidad de los resultados de la prueba.

Conforme a la Tabla 4, se identificó una relación significativa entre el nivel educativo de los trabajadores y su percepción respecto a la reducción de errores ($\chi 2$ = 10.313, gl = 4, p = 0.035). Este hallazgo sugiere que los individuos con un nivel de formación académica superior podrían mostrar una mayor receptividad a la guía y la estructura que proporciona el formulario, lo que se traduciría en una menor incidencia de equivocaciones durante las operaciones. No obstante, en esta relación no se detectó una tendencia lineal (p = 0.439).

Pruebas de Chi-Cuadrado	Valor	Significación Asintótica (2 caras)
Chi-Cuadrado de Pearson	10,313[a]	,035
Razón de Verosimilitud	10,513	,033
Asociación Lineal por Lineal	,600	,439
N de Casos Válidos	15	

a. 8 celdas (88.9%) tienen recuentos esperados inferiores a 5. El recuento esperado mínimo es 0.20.

***Tabla 4** relaciones entre el nivel educativo y la reducción de errores de los trabajadores después de usar el formulario*

Fuente: Autores.

En la Tabla 5, se puede observar una asociación significativa entre haber experimentado un accidente laboral en los últimos 12 meses y la percepción de seguridad ($\chi2 = 15.000$, gl = 6, p = 0.020), además de una tendencia lineal notable (p = 0.039). Este hallazgo sugiere que los trabajadores con experiencias recientes de accidentes podrían tener una visión más crítica de las intervenciones de seguridad, lo que potencialmente los haría más receptivos a herramientas digitales estructuradas como la que se presenta.

Pruebas de Chi-Cuadrado	Valor	Significación Asintótica (2 caras)
Chi-Cuadrado de Pearson	15,000[a]	,020
Razón de Verosimilitud	7,348	,290
Asociación Lineal por Lineal	4,263	,039
N de Casos Válidos	15	

a. 14 celdas (100.0%) tienen recuentos esperados inferiores a 5. El recuento esperado mínimo es 0.07.

Tabla 5 relaciones entre la ocurrencia de accidentes en los últimos 12 meses y la percepción de seguridad

Fuente: Autores.

En la Tabla 4, se observa también una asociación significativa entre la experiencia previa en accidentes y la psicología ocupacional ($\chi2 = 15.000$, gl = 5, p = 0.010). Una asociación lineal por lineal significativa (p = 0.012) sugiere que las experiencias previas con accidentes pueden influir en factores psicológicos como el nivel de alerta, la percepción de vulnerabilidad o el estrés; todos ellos aspectos importantes al evaluar la efectividad de los programas de seguridad.

Pruebas de Chi-Cuadrado	Valor	Significación Asintótica (2 caras)
Chi-Cuadrado de Pearson	15,000[a]	,010
Razón de Verosimilitud	7,348	,196
Asociación Lineal por Lineal	6,319	,012
N de Casos Válidos	15	

a. 12 celdas (100.0%) tienen recuentos esperados inferiores a 5. El recuento esperado mínimo es 0.07.

Tabla 6 relaciones entre la ocurrencia de accidentes en los últimos 12 meses y la psicología ocupacional.

Fuente: Autores.

Consideraciones sobre las Limitaciones del Análisis: Es crucial señalar que, durante las pruebas de chi-cuadrado efectuadas, se constató que más del 80% de las celdas no cumplían con el requisito de tener frecuencias esperadas superiores a 5. Esta situación representa una transgresión de una de las premisas fundamentales de esta prueba estadística. Por lo tanto, los resultados derivados de estos análisis deben ser evaluados con una prudencia particular. Se sugiere enfáticamente que investigaciones futuras busquen corroborar estos hallazgos empleando tamaños de muestra más amplios, o bien, recurriendo a la aplicación de la prueba exacta de Fisher cuando las condiciones lo permitan.

En suma, la convergencia de los resultados obtenidos tanto de los análisis de regresión como de las pruebas de chi-cuadrado subraya la trascendencia de VICTORIA 4.0. La plataforma no se limita a ser una simple herramienta digital para la recolección de información; se erige como un mecanismo integrador que aporta de manera sustancial a la mejora de la percepción de seguridad, a la mitigación de riesgos y al robustecimiento de una cultura de prevención sólida dentro del sector de la construcción.

Discusiones previas

Los resultados obtenidos en esta investigación reafirman la creciente relevancia de la transformación digital en el ámbito de la gestión de la seguridad ocupacional, especialmente en industrias de alto riesgo como la construcción, la minería, la energía, la manufactura y el transporte. En estos entornos, la tradicional tramitación manual de permisos de trabajo ha sido un proceso laborioso y susceptible a errores, lo que históricamente ha generado ineficiencias. El análisis de regresión lineal llevado a cabo demostró que las funcionalidades centrales del formulario VICTORIA 4.0 —tales como su capacidad para el registro de incidentes, el fomento de una cultura de seguridad y la orientación de acciones correctivas— impactaron positivamente en la percepción de seguridad de los operarios. Estos descubrimientos concuerdan con estudios previos que sugieren que las herramientas digitales pueden optimizar las prácticas de seguridad al posibilitar una recolección de datos estructurada, una respuesta más ágil ante peligros y una toma de decisiones más informada (Osorio-Gómez et al., 2024; Pişken & Şimşek, 2024).

De manera particular, la fuerte correlación observada entre la mejora de la cultura de seguridad y el uso del formulario digital sugiere que las soluciones tecnológicas, como Victoria 4.0, no solo impulsan la eficiencia operativa, sino que también influyen positivamente en los valores intrínsecos de la organización y en el nivel de compromiso del personal con los protocolos de seguridad. Esta observación es consistente con investigaciones previas en el sector de la salud y la industria, donde la digitalización ha propiciado una mayor participación de los empleados en los procesos de seguridad (Dengler et al., 2022; Rojas Romero et al., 2021). Adicionalmente, la relación positiva entre la reducción de errores y la utilización del formulario destaca el papel de las herramientas digitales en la consolidación de los procedimientos. Este aspecto adquiere especial importancia en el sector de la construcción, donde la variabilidad de tareas y riesgos a menudo resulta en inconsistencias en las prácticas preventivas. Al proporcionar una estructura clara y funcionalidades específicas —como la sistematización de peligros, la gestión de procedimientos y equipos, y la validación de registros y firmas [Artículo 1, Resultados - Desarrollo de funcionalidades]—, el formulario VICTORIA 4.0 parece mitigar estas deficiencias e incentivar un comportamiento más uniforme en la gestión de riesgos. Su sólida arquitectura, basada en tecnologías como DigitalOcean, Rails, PHP y MySQL [Artículo 1, Metodología], provee la infraestructura esencial para un flujo de información integrado y confiable, desde la captura hasta el análisis.

Sin embargo, es importante reconocer que los efectos de la transformación digital no son siempre uniformemente positivos. Como ha señalado Bobillier (Bobillier Chaumon, 2021), estos cambios pueden generar tensiones psicosociales, como la saturación de información o una mayor presión para adherirse a sistemas automatizados. Si bien nuestros resultados reflejan una percepción global favorable de la seguridad, las pruebas de chi-cuadrado indicaron que los trabajadores con un historial de accidentes laborales previos mostraron una visión más crítica. Esto sugiere que las experiencias personales con incidentes pueden configurar las actitudes hacia las intervenciones de seguridad y el monitoreo digital. Asimismo, la asociación significativa entre la psicología ocupacional y los antecedentes de accidentes resalta las dimensiones emocionales y cognitivas de la percepción de seguridad, a menudo subestimadas en intervenciones puramente procedimentales.

Es fundamental, además, reconocer las limitaciones metodológicas inherentes a este estudio. El reducido tamaño de la muestra (n = 15) impacta la potencia estadística de las pruebas y, por ende, la capacidad de generalizar los resultados. La transgresión de las suposiciones de las pruebas de chi-cuadrado, evidenciada por los bajos recuentos esperados en las celdas, disminuye la robustez del análisis inferencial. No obstante, la coherencia de las relaciones observadas entre múltiples variables fortalece la validez preliminar de las tendencias identificadas. Investigaciones futuras deberían replicar este análisis con muestras de mayor tamaño y considerar la combinación de metodologías cuantitativas y cualitativas para capturar la complejidad de las transformaciones en la cultura de seguridad. La promisoria viabilidad comercial de Victoria 4.0 en un mercado global de software EHS en expansión, que muestra un gran potencial, sugiere la oportunidad de realizar estudios a mayor escala en diversos contextos industriales.

En síntesis, este estudio subraya la contribución significativa del formulario digital VICTORIA 4.0 a la prevención de accidentes y al fomento de una cultura de seguridad robusta en el sector de la construcción y, por extensión, en otros sectores de alto riesgo. Su aplicación no solo facilita la documentación de riesgos, sino que también promueve cambios conductuales y perceptuales en los trabajadores. No obstante, el éxito de la digitalización requiere considerar los factores humanos, especialmente las respuestas psicológicas y las experiencias previas de los individuos, para asegurar mejoras de seguridad sostenibles e inclusivas a largo plazo.

Conclusiones

En el desarrollo de la plataforma Victoria 4.0, se utilizó el lenguaje de programación Ruby® para la versión móvil y PHP® para la versión web. Se empleó Ubuntu® en la generación de la interfaz gráfica, mientras que MySQL® se usó para la validación y digitalización de la información en la versión web, apoyado por Firedatabase® en la versión móvil.

Se realizaron mejoras sustanciales en las opciones: Validación de Registros, Vista de Actividades, Perfil de Usuario, Vista de Formularios, Pestaña de Información, Pestaña de Tareas, Pestaña de Trabajadores, Pestaña de Controles y Pestaña de Cierre. Al mejorar su interfaz y ofrecer mejores perspectivas de usabilidad, aumentamos el valor de la plataforma en sus dos versiones. Finalmente, se identificaron buenas perspectivas de posicionamiento comercial para Victoria 4.0 —clasificable en la categoría de "software de Salud y Seguridad Ambiental (EHS)"— basándose en el análisis de las tendencias de registro de patentes y el desarrollo empírico sobre el tema.

Los hallazgos derivados de los estudios realizados sobre Victoria 4.0 confirman su papel fundamental en la transformación digital de la seguridad ocupacional. La implementación del formulario digital VICTORIA 4.0 ha demostrado tener una influencia positiva y estadísticamente significativa en la percepción de seguridad de los trabajadores, particularmente en el sector de la construcción en Barranquilla. Específicamente, elementos como la inclusión de una sección para registrar lesiones, la eficacia de las medidas correctivas sugeridas y el fortalecimiento de la cultura de seguridad, mostraron fuertes asociaciones con una mejora en la percepción de seguridad en el lugar de trabajo.

Estos resultados, respaldados por las mejoras sustanciales en la interfaz de usuario y la usabilidad de la plataforma Victoria 4.0 —que incluyen validación de registros por múltiples vías, vistas de actividades intuitivas y una gestión detallada de perfiles, información, tareas, trabajadores, controles y cierre, sugieren que las herramientas digitales no solo optimizan la recopilación de datos y el seguimiento de incidentes. Van más allá, desempeñando un papel crítico en el fomento de una cultura organizacional orientada a la prevención y en la promoción de un mayor compromiso de los empleados con los procedimientos de seguridad. La plataforma, construida sobre una base tecnológica robusta (Ruby para móvil, PHP para web, Ubuntu para interfaz gráfica, MySQL y Firedatabase para bases de datos), contribuye a la reducción de errores operacionales, facilita intervenciones correctivas eficientes y promueve una mayor participación del personal en la seguridad laboral.

Sin embargo, la efectividad de tales herramientas puede estar condicionada por factores individuales como el nivel educativo y la experiencia previa en accidentes. Estas variables influyen en cómo los trabajadores interpretan y valoran el formulario digital, lo que subraya la importancia de adaptar las intervenciones digitales de seguridad a las características específicas de la fuerza laboral mediante estrategias de capacitación y comunicación dirigidas. Además, es esencial considerar que, si bien Victoria 4.0 ofrece amplias perspectivas de crecimiento en un mercado de software EHS en expansión, estimado en 2.2 billones de dólares para 2025, su consolidación requiere una comprensión profunda de estos factores humanos.

Metodológicamente, la principal limitación del estudio sobre la aplicación de Victoria 4.0 fue el reducido tamaño de la muestra (n = 15), lo que restringe la generalización de los resultados y afecta la robustez estadística de las pruebas de chi-cuadrado. No obstante, la consistencia de las relaciones observadas entre diversas variables respalda la validez preliminar de los hallazgos y la relevancia de futuras investigaciones en el tema.

Como recomendación práctica, se alienta a las empresas del sector de la construcción y otras industrias de alto riesgo a integrar herramientas digitales como el formulario VICTORIA 4.0 en sus sistemas de gestión de seguridad y salud ocupacional. No obstante, esta implementación debe ir acompañada de esfuerzos educativos y mecanismos de monitoreo para asegurar una comprensión adecuada y un uso sostenido por parte de los trabajadores. Adicionalmente, las evaluaciones de seguridad deben incorporar no solo indicadores técnicos, sino también factores psicológicos y perceptuales.

Futuras investigaciones deberían ampliar el tamaño de la muestra, aplicar enfoques de métodos mixtos y evaluar la sostenibilidad a largo plazo y la adaptabilidad de los formularios digitales en otras industrias de alto riesgo. Comprender cómo estas herramientas interactúan con la cultura organizacional, el compromiso de los trabajadores y el bienestar mental será clave para asegurar su integración efectiva en las prácticas de gestión de la seguridad. La adaptabilidad de Victoria 4.0 a las regulaciones locales, tal como se discute en el primer artículo, también representa una ventaja significativa para su adopción a nivel nacional.

Referencias

Ajayi, A., Oyedele, L., Owolabi, H., Akinade, O., Bilal, M., Davila Delgado, J., & Akanbi, L. (2020). Deep Learning Models for Health and Safety Risk Prediction in Power Infrastructure Projects. Risk Analysis, 40(10), 2019–2039.

Allessie, D., Sobolewski, M., Vaccari, L., & Pignatelli, F. (2019). Blockchain for digital government. Publications Office of the European Union.

An, X., Deng, H., Chao, L., & Bai, W. (2014). Knowledge management in supporting collaborative innovation community capacity building. Journal of Knowledge Management, 18(3), 574–590.

Arenas Monsalve, G. (2011). The Colombian right to social security. Legis Editores.

Arenas, G. (1987). Occupational risks and occupational health: Recent standards and trends. Actualidad Laboral, 23, 26–32.

Arenas, G. (2007). Approximation to the General System of Professional Risks. En Colombian Social Security Law (pp. 607–616). LEGIS.

Badri, A., Boudreau-Trudel, B., & Souissi, A. (2018). Occupational health and safety in the industry 4.0 era: A cause for major concern? Safety Science, 109, 403–411.

Barrios Parejo, I. Á., Niebles Nuñez, L. D., & Niebles Nuñez, W. A. (2021). Analysis of the digital transformation of companies in Colombia: global dynamics and current challenges. *Aglala*, *12*(1), 129–141. https://revistas.uninunez.edu.co/index.php/aglala/article/view/1864

Bobillier Chaumon, M. (2021). Emerging technologies and digital transformations of the activity: Challenges for activity and health at work. *Psychol Trav Organ*, *27*(1), 17–32. https://doi.org/10.1016/J.PTO.2021.01.002

Bocco, G. (2019). Social vulnerability, adaptation and resilience to environmental risk. Underlying theories. Geographical Research, 100.

Bona-Gracia, C., Rubio-García, B., & García-Foncillas-López, R. (2018). Application of Cause-Consequence associative models of occupational accidents in safety in anesthesia. Spanish Journal of Anesthesiology and Resuscitation, 3(65), 173–1.

Butrón, E. (2021). Risk Management System in Safety and Health at Work. Ediciones de la U.

Camacho Ramírez, A., & Mayorga, D. R. (2017). Psychosocial occupational risks. An organizational, legal and social perspective. Prolegómenos, 20(40), 159–172.

Camargo-Acuña, G., Guzmán-Castillo, S., Payares-Jimenez, K., Garizabalo-Davila, C., Sukier, H., & Y, G.-C. (2022). Occupational Safety and Health Management Systems As A Component Of Labor Productivity. Procedia Computer Science, 203, 667–672.

Campero-Jurado, I., Márquez-Sánchez, S., Quintanar-Gómez, J., Rodríguez, S., & Corchado, J. (2020). Smart helmet 5.0 for industrial internet of things using artificial intelligence. Sensors, 20(21), 1–27.

Canela, M. Á., Alegre, I., & Ibarra, A. (2019). Quantitative Methods for Management: A Practical Approach. In *Quantitative Methods for Management: A Practical Approach*. Springer International Publishing. https://doi.org/10.1007/978-3-030-17554-2/COVER

Cavaleri, R., Bhole, S., & Arora, A. (2019). Critical Appraisal of Quantitative Research. In Pranee Liamputtong (Ed.), *Handbook of Research Methods in Health Social Sciences* (pp. 1027–1049). Springer, Singapore. https://doi.org/10.1007/978-981-10-5251-4_120

Chung, C. K., Moreno Mareco, J., & Domínguez Méndez, F. (2022). Use of Big Data in Paraguay. Case of two companies, one in the financial sector and the other in the industrial sector. Ciencia Latina Revista Científica Multidisciplinar, 6(4), 139–141, 565–577.

Dengler, K., Hiesinger, K., & Tisch, A. (2022). Digital transformation: The role of computer use in employee health. *Economics & Human Biology*, *46*, 101137. https://doi.org/10.1016/J.EHB.2022.101137

Díaz Zazo, M. (2023). Prevention of occupational risks. Occupational safety and i. Paraninfo.

Dong, S., Li, H., & Yin, Q. (2018). Building information modeling in combination with real time location systems and sensors for safety performance enhancement. Safety Science, 102, 226–237.

Engberg, M. E., & Davidson, L. M. (2023). Quantitative Approaches to Study Abroad Assessment. In V. Savicki & E. Brewer (Eds.), *Assessing Study Abroad: Theory, Tools, and Practice* (1st ed., pp. 122–141). Taylor and Francis. https://doi.org/10.4324/9781003443087-9/QUANTITATIVE-APPROACHES-STUDY-ABROAD-ASSESSMENT-MARK-ENGBERG-LISA-DAVIDSON

Espinosa Díaz, Y. S., & Duque Cruz, O. Y. (2022). Strategic reformulation through digital transformation in times of crisis: Companies from Barrancabermeja. *Apuntes Contables*, *30*, 141–164. https://doi.org/10.18601/16577175.N30.10

Fauquet-Alekhine, P. (2020). Knowledge Management in High Risk Industries: Coping with Skills Drain. Springer Nature.

Guzmán Suárez, O. B., Oceguera Ávalos, A., & Contreras Estrada, M. I. (2017). Ibero-American Strategy for Safety and Health at Work: public policies for decent work. Occupational Medicine and Safety, 63(246), 189–201, 4–17.

Hahs-Vaughn, D. L. (2022). Foundational methods: descriptive statistics: bivariate and multivariate data (correlations, associations). In R. J. Tierney, F. Rizvi, & K. Ercikan (Eds.), *International Encyclopedia of Education: Fourth Edition* (pp. 734–750). Elsevier. https://doi.org/10.1016/B978-0-12-818630-5.10084-3

Hernández, A., Marulanda, C., & López, M. (2014). Analysis of Knowledge Management Capabilities for the Competitiveness of SMEs in Colombia. Information Technology, 25(2), 111–122. https://dx.doi.org/10.4067/S0718-07642014000200013

Hou, B., Chen, Q., Chen, Z., Nafa, Y., & Li, Z. (2020). R-HUMO: A Risk-Aware Human-Machine Cooperation Framework for Entity Resolution with Quality Guarantees. IEEE Transactions on Knowledge and Data Engineering, 32(2), 347–359.

Ikhsanudin, Subali, B., Retnawati, H., & Istiyono, E. (2024). Estimation of Cronbach reliability based on sample size, gender, and the grades. *IJERE*, *13*(2), 759–766. https://doi.org/10.11591/IJERE.V13I2.24895

International Labour Organization. (2019). Safety and health at the heart of the future of work. Building on 100 years of experience. International Labour Office.

Jarota, M. (2021). Artificial intelligence and robotisation in the EU - should we change OHS law? Journal of Occupational Medicine and Toxicology, 16(1).

Khan, N., Lee, D., Baek, C., & Park, C. (2020). Converging Technologies for Safety Planning and Inspection Information System of Portable Firefighting Equipment. IEEE Access, 8, 211173–211188.

Manco Zapata, A., & Cortes Gómez, I. R. (2023). Diagnosing the Impact of Digital Transformation on the Human Talent of SMEs in Bogotá, Colombia. *Cuad Adm Univ Valle*, *39*(75), e2012475. https://doi.org/10.25100/CDEA.V39I75.12475

Manrique, J., & Cortes, M. (2019). Regulations and Factors for a Safe Work at Heights Advisor in the Construction Sector. Universidad Santiago de Cali.

Menegon Lopes, J., & Silva Filho, L. C. P. da. (2024). Adoption of Fourth Industrial Revolution Technologies in the Construction Sector: Evidence from a Questionnaire Survey. *Buildings*, *14*(7), 2132. https://doi.org/10.3390/BUILDINGS14072132

Micán, C., Olmedo, E., Bonilla, V., & Alexander, W. (2022). Digital Transformation in Times of COVID. *Invest Desarr Educ Serv Trab*, *2*(2), 1–20. https://doi.org/10.31876/IDEST.V2I2.41

Montoya Giraldo, A. F., & Agudelo Alzate, A. S. (2018). Work health and security management for employees on general services. Espacios, 39(48), 29.

Navarro, J., Heuveline, L., Avril, E., & Cegarra, J. (2018). Influence of human-machine interactions and task demand on automation selection and use. Ergonomics, 61(12), 1601–1612.

Olmeda Aparicio, V. (2018). Application of information digitalization for the management of occupational risk prevention for a company in the ceramic sector. Universitat Politècnica de València.

Ortiz, G. (2021). Criteria for the evaluation of costs in occupational safety and health: a bibliographic review. SIGNOS-Research in Management Systems, 13(2).

Osorio-Gómez, C. C., Herrera, R. F., Prieto-Osorio, J. M., & Pellicer, E. (2024). Conceptual model for implementation of digital transformation and organizational structure in the construction sector. *Int J Environ Sci Eng*, *15*(7), 102749. https://doi.org/10.1016/J.ASEJ.2024.102749

Ovallos Gazabon, D., Marriaga Barroso, A., Cuevas-Rojas, L., Palencia García, D., & Martelo-Ching, D. (2023). Development of the Rutia platform for innovation and optimization in the management of passenger transport processes. Investigación e Innovación en Ingenierías, 11(1), 1432–1462, 96–207.

Pişken, E., & Şimşek, S. (2024). Analysing the effects of digital transformation on occupational health and safety applications: health sector example. *Interciencia*, *404*(5), 15–32. https://doi.org/10.59671/XNLWV

Príncipe, J., López, R., & Benites-Alfaro, E. (2022). Reduction of the Rate of Occupational Accidents through the Implementation of an Occupational Health and Safety Management System in the Industrial Electromechanical Industry. Chemical Engineering Transactions, 91, 319–324.

Qiu, C., & Li, X. (2023). Blended analysis of occupational safety hazards and digital transformation of risk assessment in construction industries. *Can J Civ Eng*, *50*(3), 184–196. https://doi.org/10.1139/CJCE-2022-0036

Ramírez, J. P. S. D. C. T. A. E. M. R. Z. D. H. C. G. A. G. C. A. G. V. M. A. M. B. P. J., Jiménez Forero, C., Rosero Torres, L., Peralta Puentes, A., & Lagos Martínez, J. (2020). Bibliometric review of research papers on Occupational Safety and Health (OSH) in Colombia. UEFS Collective Health Journal, 10(1), 38–48.

Rey-Becerra, E., Barrero, L. H., Ellegast, R., & Kluge, A. (2023). Improvement of short-term outcomes with VR-based safety training for work at heights. *Applied Ergonomics*, *112*, 104077. https://doi.org/10.1016/J.APERGO.2023.104077

Rivera, D., Rivera, D., & Angulo, U. (2023). Labor Booklet 2023. Theory and practice: Labor measures, social security and electronic payroll. Ediciones de la U.

Rojas Romero, R., Valdés-González, H., & Reyes-Bozo, L. (2021). Digital Transformation: Opportunity or Threat to Employability? *Rev. Fac. Ing*, *30*(56), e13297. https://doi.org/https://doi.org/10.19053/01211129.v30.n56.2021.13297

Russ, M. (2021). Knowledge Management for Sustainable Development in the Era of Continuously Accelerating Technological Revolutions: A Framework and Models. MDPI, 13(6), 1–32.

Sarker, M., & Al-Muaalemi, M. A. (2022). Sampling Techniques for Quantitative Research. In M. Rezaul Islam, Niaz Ahmed Khan, & Rajendra Baikady (Eds.), *Principles of Social Research Methodology* (pp. 221–234). Springer, Singapore. https://doi.org/10.1007/978-981-19-5441-2_15

Semeykin, A. Y., Kochetkova, I., Klimova, E., & Nosatova, E. (2019). Expert Information-Analytical Decision Support System for Professional Risk Management Based on the Database of Real Cases of Industrial Injuries. All-Russian Research-to-Practice Conference on Ecology and Safety in the Technosphere: Current Problems and Solutions, EST 2018, 224(1).

Smallwood, J., Allen, C., & Deacon, C. (2020). The role of industry 4.0 in construction occupational health. En ARCOM 2020 - Association of Researchers in Construction Management, 36th Annual Conference 2020 - Proceedings.

Stockemer, D. (2018). Quantitative Methods for the Social Sciences: A Practical Introduction with Examples in SPSS and Stata. In *Quantitative Methods for the Social Sciences: A Practical Introduction with Examples in SPSS and Stata* (1st ed.). Springer International Publishing. https://doi.org/10.1007/978-3-319-99118-4/COVER

Suásnavas Bermúdez, P. R., Andrade Mantilla, A. R., Granada Durán, K. M., Dávalos Morocho, H. P., Cárdenas Cahueñas, H. P., & Gómez García, A. R. (2019). Social responsibility and management of safety and health at work: current panorama of Ecuadorian companies. Espacios, 40(4), 18.

Suciu, G., Pasat, A., Balanescu, M., & Poenaru, C. (2020). Wins@Hi - wearable technologies for monitoring critical situations in hazardous environments. International Multidisciplinary Scientific GeoConference Surveying Geology and Mining Ecology Management, 2(1), 433–438.

Thukral, S., Kovac, S., & Paturu, M. (2023). Chi square. In A. E. M. Eltorai, T. Liu, R. Chand, & S. P. Kalva (Eds.), *Translational Interventional Radiology* (pp. 145–148). Academic Press. https://doi.org/10.1016/B978-0-12-823026-8.00028-6

Tsang, Y., Choy, K., Wu, C., Ho, G., Lam, C., & Koo, P. (2018). An Internet of Things (IoT)-based risk monitoring system for managing cold supply chain risks. Industrial Management and Data Systems, 118(7), 1432–1462.

Villares Pazmi, J., Acurio Acurio, M., & Veloz Paredes, A. (2023). Big Data Analytics: a contribution to the business solution. Pro Sciences: Journal of Science and Research Production, 1(2), 173–1, 21–23.

World Health Organization; International Labour Organization. (2021). WHO/ILO Joint Estimates of the Work-related Burden of Disease and Injury, 2000–2016. WHO/ILO.

Zambrano, C., & Mendoza, D. (2021). Analysis of the implementation of occupational safety and health standards at manufacturing companies in the city of Valledupar. Brazilian Journal of Medicine, 19(3), 290–298.

www.ingramcontent.com/pod-product-compliance
Lightning Source LLC
LaVergne TN
LVHW051131210926
848482LV00001B/62

9798899660382